# Engenharia Genética, Bioética e Religião

Virgínia Mareco

# ÍNDICE GERAL

RESUMO ANALÍTICO------------------------------2

PREÂMBULO-----------------------------------------6

INTRODUÇÃO----------------------------------------9

ENGENHARIA GENÉTICA, BIOÉTICA E GENÉTICA--------------------------------------------12

CAPÍTILO I – De que se ocupa a Engenharia Genética?-------------------------------------------12

CAPÍTULO II – A Engenharia Genética e os Avanços da Medicina--------------------------------14

CAPÍTULO III – Clonagem-------------------------17

CAPÍTULO IV – Eugenia---------------------------22

CAPÍTULO V – A Bioética e a Genética-----------------------------------------------------------------24

CAPÍTULO VI – Ciência e Genética na História--------------------------------------------------------33

CAPÍTULO VII – Ciência e Religião são Compatíveis?--------------------------------------41

CONCLUSÃO--------------------------------------46

BIBLIOGRAFIA-------------------------------------50

## RESUMO ANALÍTICO

A Engenharia Genética, por meio da transferência de genes entre células de espécies diferentes, consegue produzir grandes quantidades de produtos raros, criar os chamados produtos transgénicos e corrigir defeitos hereditários. Sofreu um espantoso desenvolvimento nas últimas décadas graças a grandes descobertas. Uma delas foi a conclusão do Projeto Genoma Humano, que permitirá detectar genes causadores de doenças, bem como a sua alteração, para além do fabrico de proteínas para o tratamento das mesmas. Isto é relevante para o aumento da longevidade e melhoria da qualidade de vida das pessoas. Também se poderá prever, em breve, a data provável da nossa morte. No entanto, embora algumas pessoas acreditem que a Engenharia Genética vai ajudar os países do Terceiro Mundo, outras acreditam que os vai submeter ainda mais à manipulação por parte dos desenvolvidos.

A clonagem humana levanta problemas devida à sua pouca eficácia dado que, na maioria das vezes, quando o clone não morre, nasce com deficiências, dizem os cientistas. No entanto, há muitos que a defendem, tanto para fins "reprodutivos" como para fins "terapêuticos". Entretanto, fenómenos epigenéticos têm vindo pôr em causa a sua viabilidade.

A eugenia visa o aperfeiçoamento da "raça" humana e, por isso, vê na Engenharia Genética excelentes meios para alcançar os seus objetivos, como, por exemplo, a clonagem. No entanto, com tudo isto, nasceu o termo Bioética, que levantou questões relacionadas com a dignidade e os direitos humanos no que diz respeito às manipulações genéticas, assim como a identidade dos clones. Ninguém pode ser submetido a discriminação devido a características genéticas. Além disso, no que se refere à terapia genética, muitos embriões seriam mortos. É isto eticamente correto? Também se pode correr o risco da seleção de vírus e parasitas resistentes. Por outro lado, as pessoas, para além de a temerem, também têm grandes expectativas em relação ao que a Biologia possa trazer para as suas vidas, muito para além da realidade.

Não se pode é pôr de parte, de facto, as atrocidades que se cometeram na História em nome da ciência, para não voltar a repeti-las. Exemplo foram as experiências que se fizeram nos campos de concentração nazis durante a Segunda Guerra Mundial, em que se torturaram milhares de pessoas até à morte. Contudo, a Engenharia Genética também trouxe um maior conhecimento acerca da hereditariedade, acabando com preconceitos levantados na História.

Por fim, será que ciência e religião são compatíveis? A reposta poderá ser "sim" pois, apesar de a ciência desvendar coisas que só Deus conhecia, ela, quase seguramente, nunca vai conseguir desvendar o mistério de quem criou a complexidade da vida e a infinidade do

Universo, mesmo com a recente descoberta do bosão de Higgs.

Concluindo, os avanços da ciência e, mais concretamente, da Engenharia Genética, estarão sempre limitados pelas questões éticas. De facto, o seu campo termina onde começam os direitos, dignidade e identidade do ser humano. É, assim, necessária uma grande reflexão aquando da implementação duma legislação para área da Engenharia Genética.

# PREÂMBULO

A Engenharia Genética, baseada nas tecnologias de ADN (ácido desoxirribonucleico), tem vindo a revolucionar possibilidades que podem transformar radicalmente a Medicina, o modo de diagnosticar e tratar, assim como a paisagem, a flora e fauna e as próprias relações familiares e sociais.

Na realidade, a Engenharia Genética proporcionou-nos a compreensão de fenómenos biológicos complexos, inimagináveis, revolucionando todas as áreas do conhecimento humano, desde as mais objectivas, como as científicas, até às mais subjetivas, como a religião, a ética e o sobrenatural.

Como quase tudo na vida, a Engenharia Genética não trouxe apenas benefícios para a humanidade. Ela foi, digamos, como que a "inspiração" para a criação de uma nova área da Filosofia, a Bioética. Esta é, talvez, o maior obstáculo que se antepões ao progresso científico.

Olhando para os erros cometidos no passado em nome da ciência, muitos pensadores temem o que a Engenharia Genética possa trazer de mal para o futuro.

A minha opinião quanto a este assunto é intermédia, ou seja, encontro-me numa posição equidistante dos dois extremos, isto é, acredito e aposto na Engenharia Genética para o progresso, principalmente da Medicina, mas também reconheço que é necessário refletir muito bem as possíveis repercussões que ela pode ter no que diz respeito aos direitos humanos e animais, assim como à sua dignidade.

Assim, ao ler estas páginas, o leitor poderá abordar dum extremo ao outro o tema da Engenharia Genética e da Bioética a ela relacionada, terminando na opinião intermédia onde eu me encontro, mas passando pelo passado, pelo presente e viajando até um possível futuro da Genética e da Medicina.

Como os assuntos do sobrenatural me fascinam, não pude deixar de referir a posição da religião em relação à ciência e aos seus progressos.

# INTRODUÇÃO

*A Genética, a Engenharia Genética e o medo*, vão, certamente, percorrer *Os caminhos da Medicina no século XXI*[1]. Isso é óbvio para Axel Kahn e Dominique Rousset, nesse excerto do seu livro. No entanto, eles questionam apenas o lado negativo da Engenharia Genética, o que de mal ela pode trazer para a humanidade. Por outro lado, eu pretendo abordar o tema da Engenharia Genética e da Bioética a ela associada não só alertando para os erros que a primeira cometeu no passado e que poderá vir a cometer no fututo, mas também reconhecendo o que de bom ela trouxe para a humanidade, permitindo o avanço da Medicina em larga escala e o esclarecimento da realidade biológica do ser humano.

Com este livro, pretendo, deste modo, mostrar que esta temática é demasiado

---

[1] KANH A, ROUSSET D, *Os caminhos da Medicina no século XXI: genes e homens*, pp. 75-77.

complexa para as opiniões tenderem para um dos extremos. Trata-se dum assunto ambíguo, em que é necessário refletir muito antes de agir. Enfim, pretendo, para além de esclarecer o leitor quanto ao assunto da genética e das questões éticas que se levantam com o avançar da ciência, incentivá-lo a pensar nestes problemas, a refletir o que é eticamente correto nas experiências da Engenharia Genética.

É de realçar que me baseei em fontes secundárias para a realização deste trabalho, ou seja, os dados objetivos aqui apresentados foram adquiridos a partir de pesquisa bibliográfica, tanto em livros como na internet.

Assim, de modo a atingir o pretendido, dividi o trabalho em sete capítulos: no primeiro, esclareço o que faz a Engenharia Genética; no segundo, a sua contribuição para a Medicina; nos terceiro e quarto capítulos falo da clonagem e da eugenia, respectivamente, muito debatidas pela Bioética, tratada no capítulo cinco; no entanto, não poderia deixar de referir as tais "atrocidades" cometidas em nome da Genética (capítulo seis); dado o meu particular gosto por temas sobrenaturais e acerca da "vida para além da morte", guardei o último tema para falar na religião e no seu posicionamento atual em relação às descobertas científicas.

# ENGENHARIA GENÉTICA, BIOÉTICA E RELIGIÃO

**CAPÍTULO I** – De que se ocupa a Engenharia Genética?

A Engenharia Genética tem por objetivo a transferência de genes entre células de espécies diferentes, de maneira a dar às células receptoras uma nova propriedade ligada ao gene transferido. O objetivo desta transferência é a produção de grandes quantidades de produtos raros (enzimas, hormonas, vacinas, etc.), a obtenção de variedades originais de animais e plantas, que apresentem potencialidades novas ligadas ao gene transferido (produtos transgénicos), assim como a correção de defeitos hereditários, desempenhando, assim, um papel muito importante nos domínios da saúde, da agricultura e do sector agroalimentar. Pode dar-se como exemplo a produção de hormonas (insulina, hormona do crescimento), de vacinas, de certos factores de coagulação do sangue, a formação de espécies resistentes, etc..

A formulação das "leis de Mendel", no princípio do século XX, a compreensão da localização dos caracteres hereditários nos cromossomas, por Morgan, na década de vinte, a descoberta dos genes, a demonstração, em 1941, por Avery *et col.*, de que os factores hereditários estão no ADN e, finalmente, a compreensão da estrutura desta molécula por Watson e Crick, em 1953, permitiram um espantoso desenvolvimento nos últimos 30 anos na Engenharia Genética, que se reflete na capacidade de manipulação dos genes e de ler as suas sequências nos cromossomas humanos. A década de 90 é, por isso, denominada "Década da Genómica" e da Engenharia Genética.

Em 2000, *com a descodificação do genoma humano (...), concluiu-se a primeira etapa do Projeto Genoma Humano cujo objetivo era a decifração das maravilhosas páginas do "livro da vida" que poderão doravante ser lidas e interpretadas, livrando, possivelmente, a humanidade das suas heranças genéticas negativas (porpensão a doenças, deformações hereditárias, etc.). Libertadas delas, as gerações futuras poderão vir a achar normalíssimo viver até cem anos ou mais.*[2]

**CAPÍTULO II** – A Engenharia Genética e os Avanços da Medicina

Nas últimas décadas, os engenheiros genéticos aprenderam a criar em laboratório enzimas e proteínas idênticas às do Homem, modificando geneticamente bactérias, plantas e animais, e originando formas que nunca se haviam visto sobre a superfície da Terra. Porém, a descodificação do genoma humano permitirá não só a detecção de genes causadores de doenças hereditárias ou preditivos de doenças multifatoriais, bem como

---

[2] *O Homem Neuronal*, p. 1, (http://educaterra.terra.com.br/voltaire/atualidade/revolucao_biogenetica4.htm), consulta em 15/07/2012

a sua alteração: nas células somáticas (terapia genética) e na linha germinativa, para prevenção de doenças ou melhoramento da espécie.

Nas terapias genéticas, por meio de vectores (veículos biológicos), como certos tipos de vírus modificados, ou as próprias células embrionárias humanas, podem-se introduzir genes corretos nos tecidos ou órgãos onde façam falta, ou, eventualmente, introduzir genes modificados, a fim de substituir, complementar ou modificar a informação genética incorreta que cada indivíduo possa ter.

Para além do diagnóstico, o conhecimento das proteínas, codificadas pelos genes, permitirá utilizá-los no tratamento de doenças. Trata-se da "fármaco-genética", que dará origem a uma nova geração de fármacos para a prevenção e tratamento de muitas patologias de origem genética, com a hipertensão, a diabetes, as patologias tumorais e as neurodegenerativas.

Não há dúvida que, nas próximas décadas, a aplicação dos conhecimentos do genoma humano irá ter uma enorme contribuição para a medicina, e, consequentemente, contribuirá para a melhoria da qualidade de vida e aumento da longevidade das pessoas. Além do mais, tal como diz Steve Jones: *A morte parece, cada vez mais, estar programada no nosso próprio ser. Os genes matam as pessoas; (...). É possível que em breve seja possível prever a data da morte dum bebé pouco tempo depois do seu nascimento.*[3]

Lamentavelmente, os efeitos positivos que a Engenharia Genética trouxer para a Medicina terão muito mais impacto nos países desenvolvidos do que nos do Terceiro Mundo, onde os problemas de saúde são muito mais graves e se originam nas dificuldades em aceder a alimentação correta e a meios sanitários. Tenho, portanto, de concordar com

---

[3] JONES S, *Deus, Genes e o Destino – na massa do sangue*, p. 10.

Axel Kahn e Dominique Rousset, quando afirmam que *a Engenharia Genética aumentará, ainda mais, o seu domínio* (dos países desenvolvidos) *sobre os países mais fracos, receando um novo imperialismo*. Há, no entanto, quem diga que *a Engenharia Genética contribui para a resolução de problemas como a fome e do subdesenvolvimento, fornecendo aos países do Terceiro Mundo novos tipos de flora e fauna, mais adaptáveis a climas inóspitos ou a terrenos pobres em água e em pastagens.*[4] Contudo, na prática isto não se verifica.

**CAPÍTULO III** – Clonagem

A clonagem há muito que é aplicada tanto em plantas como em animais. Chegou agora a vez da clonagem humana. No entanto,

---

[4] *O Nosso Futuro Genético – Conhecer, Analisar e Manipular Informação Genética: Implicações Sociais Éticas e Legais*, p. 1, (http://www.byweb.pt/genoma/intro.html), consulta em 16/07/2012

esta levanta muitos problemas, não só técnicos como éticos.

Na realidade, *o que aflige a comunidade científica, no que diz respeito à clonagem humana, não parece ser o facto em si, mas apenas a pouca eficácia dos métodos disponíveis. O "pai" da Dolly, Ian Wilmut (Instituto de Roslin de Edimburgo), e o especialista na clonagem de ratos Rudolf Jaenisch do Instituto Whitehead de Pesquisas Biomédicas, situado em Cambridge (Massachusetts), afirmaram na prestigiada revista Science que se forem aplicadas as técnicas disponíveis na clonagem, as raras crianças que sobreviverem terão fatalmente malformações, tais como insuficiências respiratórias e imunológicas, problemas cárdio-vasculares, malformações renais e deficiências mentais. Esta tem sido a regra nos mamíferos clonados, e nada indica que nos seres humanos seja diferente.*[5] Outra questão que se

---

[5] FONTES C, *Clonagem Humana – A Próxima Experiência*, p. 1 (http://afilosofia.no.sapo.pt/10clonagem.htm), consulta

tem levantado é o facto de se supor que um clone tem uma esperança média de vida inferior à do "indivíduo que o originou", devido aos telómeros já se encontrarem muito pequenos. De facto, *a técnica da clonagem de mamíferos revela-se muito pouco eficaz em termos de sobrevivência dos embriões. A taxa de êxito registada nas cinco espécies de mamíferos até agora clonados oscila entre os 3 e os 5%.*

No entanto, *a clonagem humana, com fins "reprodutivos" ou "terapêuticos" ultrapassou, apesar de tudo, a fase das especulações científicas, e em breve será uma realidade. Não faltam candidatos para realizarem as primeiras experiências. O desejo da fama sobrepõe-se à análise das consequências que delas possam resultar.*

Para os defensores da clonagem humana reprodutiva, *nada impede que, no futuro, um casal que não possa ter filhos por um processo natural, o não possa fazer através da clonagem, que a interrupção não desejada do desenvolvimento de um feto, não possa ser concluída através da clonagem, que um casal homossexual não possa ter filhos através da clonagem e que uma criança morta prematuramente não possa reviver através da clonagem.*

Quanto à *clonagem de embriões humanos para fins terapêuticos*, a maioria dos investigadores acredita que este tipo de clonagem *pode revolucionar a Medicina, ao permitir desenvolver todo o tipo de tecidos (incluindo nervos, músculos, sangue e ossos) a partir de células mães, isto é, das que constituem um embrião com poucos dias antes de estas começarem a diferenciar-se.* Além disso, *poder-se-ia substituir tecidos danificados por tecidos sãos, o que permitiria "curar" muitas doenças degenerativas que hoje em dia não têm cura,* como as doenças de Parkinson e Alzheimer e certas debilidades cardíacas. *Os grandes avanços seriam possíveis nomeadamente na resolução do problema da rejeição dos transplantes. Se uma pessoa receber um tecido que provém do seu próprio corpo, o sistema imunológico não o ataca.* Por último, dar-se-ia ainda *utilidade a milhões de embriões congelados que estão armazenados nas clínicas de fecundação in vitro espalhadas pelo mundo.*[6] Estas são as ideias dos defensores desta técnica. A clonagem humana seria útil também para salvar, por exemplo, um filho portador de leucemia, pois a produção de um clone aumentaria a probabilidade de um transplante de medula óssea para quase 100%. Outro exemplo seria a perda de um filho, entre gémeos: os pais poderiam utilizar células destes filhos para gerarem clones que os substituiriam, inclusive em tempos diferentes, ou seja, poderiam gerar novamente dois filhos, porém em duas gerações distintas.

No entanto, *muitas fantasias cercam o tema da produção de clones, valorizando apenas as características genéticas contidas no núcleo substituído, desqualificando a*

---
[6] *Idem*

*influência dos factores histórico-ambientais e de herança genética citoplasmática (mitocôndrias)*.[7] Não podemos esquecer, de facto, os fenómenos epigenéticos, atualmente em estudo na Engenharia Genética.

**CAPÍTULO IV** – Eugenia

Francis Galton (1822-1911) foi o fundador e promotor da eugenia (ou eugenismo), definindo-a como *"o estudo de todos os agentes que, mediante especial verificação, podem contribuir para melhorar ou piorar física ou psicologicamente as qualidades raciais das gerações futuras"*. Tem por base a "eugenética", que pugna por reduzir ao mínimo o número dos indivíduos deficientes e por elevar ao máximo o número dos bem dotados; e a "euténica", que pugna pela melhoria das condições sanitárias ambientais em que o indivíduo nasce e se desenvolve e pelo

---

[7] GOLDIM JR, *Aspectos éticos da clonagem*, p. 1, (http://www.bioetica.ufrgs.br/clone.htm), consulta em 17/07/2012

*aperfeiçoamento das suas qualidades físicas e psíquicas.*[8]

De maneira a alcançar finalidades de carácter eugénico, têm sido usados, muitas vezes sob pressão legal e ética, os seguintes meios: a proibição do matrimónio a consanguíneos (até certo grau), a doentes mentais, a epilépticos e a criminosos; a segregação, mediante a recolha dos deficientes em institutos apropriados; a certificação pré-nupcial de idoneidade eugénica para o matrimónio; a esterilização cirúrgica; o aborto eugénico e a eutanásia, a regulação dos nascimentos ou neomaltusianismo, que se apoia em métodos anticoncepcionais; a fecundação artificial e a educação eugénica.

A clonagem é uma técnica recente de carisma eugénico. *Paul Ramsey, em 1970, propôs a importante discussão sobre a questão da possibilidade da clonagem substituir a reprodução pela duplicação. Esta possibilidade*

---

[8] *Enciclopédia Luso-Brasileira de Cultura*, Volume 7, p. 1768.

*reduziria a diversidade entre os indivíduos, com o objetivo de selecionar características específicas de indivíduos já existentes. (...). Em 1997, o Prof. Bernhard Haering, da Academia Alfonsiana de Roma/Itália, já discutia a outra questão, a relativa a possível seleção dos indivíduos gerados. Uma vez que existia possibilidade do processo de clonagem humana, caso forem detectadas anomalias, os indivíduos "defeituosos" poderiam ser eliminados, pois novos indivíduos poderiam ser "produzidos", até atingir-se o objetivo desejado, caracterizando uma forma de eugenia.*[9]

**CAPÍTULO V** – A Bioética e a Genética

O termo Bioética é recente. Surgiu em 1970 num artigo escrito por Van Rensselar Potter, intitulado "The Science of Survival" e, no ano seguinte, no livro "Bioethics: Bridge to the Future", onde alegou a necessidade de se

---

[9] GOLDIM JR, *Aspectos éticos da clonagem*, p. 1, (http://www.bioetica.ufrgs.br/clone.htm), consulta em 18/07/2012

estabelecer uma ponte entre o saber científico e o saber humanístico. Compte-Sponville afirmou: *Bioética nada mais é do que os deveres do ser humano para com o outro ser humano e de todos para com a humanidade.*[10] A Bioética procura orientar tanto os cientistas dedicados a experiências genéticas, como também a opinião pública e a legislação em geral. Aos cientistas, alerta-os para os limites da sua investigação; à opinião pública, esclarece-a; e, aos legisladores, alerta-os para que façam as leis seguindo princípios éticos aceitáveis. Uma das questões que está hoje em causa, não é apenas a da responsabilidade moral dos cientistas e inventores, mas também a necessidade ou não de se estabelecerem limites para as experiências na ciência e na técnica.

No último século, verificaram-se avanços no campo da Engenharia Genética, no entanto, muitos desses progressos foram obtidos à

---

[10] PEREIRA GO, PACIFICO AP, *Doação e adoção como políticas para salvar os embriões humanos excedentes e congelados*, S392.

custa de experiências em que utilizaram organismos vivos, ou partes de organismos, para fabricar ou modificar produtos, melhorar plantas ou animais, ou ainda para desenvolver microrganismos para usos específicos. Milhares de seres humanos têm servido igualmente como cobaias nestas experiências, muitas vezes sem o seu consentimento. O desrespeito pelos princípios mais elementares da dignidade humana tornou-se, assim, uma prática corrente em muitas áreas da investigação científica.

    A Engenharia Genética possibilitou, de facto, avanços relevantes na Medicina. Contudo, é eticamente adequado diagnosticar doenças incuráveis, testar indivíduos portadores assintomáticos, que apresentem risco apenas para a descendência, e realizar testes genéticos em pacientes com possibilidade de doenças degenerativas de início tardio? Em que medida o bem da humanidade é melhor atingido com novas formas de vida por meio da Engenharia

Genética? Como avaliar os resultados da experimentação genética, sabendo que alguns dos seus efeitos só serão manifestados nas gerações futuras? Quais os critérios utilizados no momento de fixar os riscos e benefícios da experimentação genética? É justo realizar terapias genéticas de grande custo em fetos ou recém-nascidos com doenças de alto risco quando grande parte da população não tem garantidas as suas necessidades de saúde mais elementares? Quais as doenças genéticas que deveriam ser submetidas a diagnóstico pré-natal visando à interrupção da gravidez? Quais os limites da pesquisa e/ou aplicação de alterações genómicas de células germinativas? Quais os princípios que deveriam nortear a alteração do genoma de um ser ainda não nascido? Quais as fronteiras da eugenia?

*O objectivo da Biologia Molecular aplicada à genética e do Projecto Genoma Humano, em particular, não é única e exclusivamente obter informação genética, mas por meio dela, antes de mais nada, proteger a vida e colaborar eficazmente para a saúde do indivíduo e da humanidade. Na mesma linha pronuncia-se o Comité Internacional de Bioética da UNESCO[11], na Declaração sobre a proteção do genoma humano: "Todo o ser humano tem direito de beneficiar-se dos avanços da biologia e genética humana, com o respeito devido à sua dignidade e liberdade. A pesquisa, que é essencial da mente, tem no campo da genética humana a função de aliviar o sofrimento e aumentar o bem-estar da humanidade."*[12]

De facto, ninguém pode ser submetido a discriminação por causa das características genéticas, pois todas as pessoas são iguais em direitos no que se refere aos seus genes. Cabe aos geneticistas esclarecer que as variações de fisionomia, de cor de pele, de cabelos, etc.,

---

[11] UNESCO: United Nations Educational, Scientific and Cultural Organization
[12] CLOTET J, *Bioética como Ética Aplicada e Genética*, 2.2 – *O genoma humano e a beneficência*, p. 1, (http://www.pucrs.br/fabio/genetica1/index_arquivos/Aulas_genetica/BioeticaC.htm), consulta em 20/07/2012

compõem a espécie humana no âmbito da viabilidade que lhe é própria. Em relação àqueles ditos "anormais", deve-se esclarecer que eles são apenas variantes genéticas expressas dentre uma infinidade de variantes genéticos ocultas e distribuídas em todos nós. Afinal, *sem diferença não poderia haver Genética.*[13] Por vezes, os interesses económicos das empresas de Engenharia Genética falam mais alto do que as considerações bioéticas.

No que diz respeito à clonagem, a sua problemática não pode ser reduzida apenas a um problema técnico. Está em jogo não apenas a vida de um ser humano, destrói-se a própria identidade do novo ser. Deixamos de ter indivíduos, únicos e irrepetíveis, para termos múltiplos sem dignidade própria. Com que fundamento moral se podem produzir seres humanos para servirem de material genético para outros seres vivos? Com que fundamento

---

[13] JONES S, *Deus, Genes e o Destino – na massa do sangue*, p. 27.

se pode produzir seres humanos deficientes apenas para gozo de determinados pais ou em nome do progresso científico?

*Dentro desta mesma perspectiva, mais recentemente, em função dos experimentos de Hall e colaboradores, em 1993, DeBlois, Norris e O'Rourke manifestaram a sua preocupação pelo facto de que poderiam ser gerados clones, por divisão de embriões em fases iniciais, apenas com a finalidade de diagnosticar possíveis problemas genéticos, antes da implantação. Desta forma, alguns embriões seriam utilizados como meio para diagnosticar a segurança ou não de implantar os demais. Isto caracterizaria uma situação eticamente inadequada de uso dos embriões, pois alguns seriam destruídos com a finalidade diagnóstica. Em todas estas situações, o questionamento ético básico é o de utilizar um ser humano como meio e não como fim. (...) O Prof. Andrew Varga, em 1983, levantou outras questões éticas, como as associadas à produção de clones de plantas e animais destinados ao consumo humano ou à produção de clones de plantas e animais destinados ao consumo humano ou à produção de outros produtos. Este debate continua extremamente atual, devido ao seu impacto na redução da diversidade da flora e da fauna, além dos outros problemas que poderão decorrer da sua utilização.*[14] Exemplo é o receio que os autores Axel Kahn e Dominique Rousset[15] têm em relação à seleção de vírus e parasitas mais resistentes, perigosos para a humanidade.

Atualmente, na área da genética humana, o rastreio e os testes devem ser realizados com o consentimento da pessoa em causa, depois do investigador esclarecer o indivíduo quanto aos objetivos, vantagens e desvantagens da experiência, com a exceção dos recém-nascidos, para condições nas quais um tratamento precoce e disponível possa beneficiá-lo. O diagnóstico pré-natal deve ser

---

[14] GOLDIM JR, *Aspectos éticos da clonagem*, p. 1, (http://www.bioetica.ufrgs.br/clone.htm), consulta em 21/07/2012

[15] KANH A, ROUSSET D, *Os caminhos da Medicina no século XXI: genes e homens*, pp. 75-77.

feito somente para garantir a saúde do feto e para detectar condições genéticas e malformações fetais. Além disso, as informações genéticas são confidenciais e privadas. Portanto, a prudência deve reinar no que se refere à Bioética. É de realçar também que as experiências que visem unicamente o melhoramento do património genético do Homem, estão, por consenso mundial, absolutamente proibidas.

Por outro lado, outro facto relevante é que os espectadores, as pessoas que não entendem como funciona a Engenharia Genética, têm expectativas muito avançadas em relação à realidade: *os seres humanos baseiam-se no ADN, têm problemas sociais e médicos, logo, uma compreensão do ADN fará que em breve esses problemas desapareçam.*[16] Existe, portanto, uma crença no poder da Biologia e um medo do que possamos descobrir sobre nós próprios. A convicção traz,

---

[16] JONES S, *Deus, Genes e o Destino – na massa do sangue*, p. 10.

de facto, perigos, mas Goethe afirma que o maior perigo da vida reside na certeza. Afinal, *se tudo estiver codificado no ADN, o que resta ao livre arbítrio? Se o Homem não passar de um macaco glorificado, onde está a alma? De facto, se a sociedade não for mais que um mecanismo para garantir que os genes sejam transmitidos, que espaço há para o bem e para o mal? Até mesmo os que não estão interessados nestas ideias abstratas se preocupam com o facto de a Biologia estar a tirar o mistério às suas próprias vidas.*[17]

**CAPÍTULO VI** – Ciência e Genética na História

Muitas foram, de facto, as atrocidades cometidas ao longo da história em nome da ciência. Alguns foram capazes de assassinar em nome da pesquisa científica, como ocorreu na Alemanha nazista e nos campos de prisioneiros dos japoneses. E, convém lembrar, é a ciência que produz os terríveis instrumentos

---

[17] *Idem*, p. 10-11.

de guerra, como armas biológicas, gás venenoso, mísseis, bombas "inteligentes" e bombas nucleares. Sabe-se que o próprio Hitler leu um livro sobre genética humana, e muitos peritos em "higiene da raça", como esta matéria era então chamada, estavam envolvidos no processo de extermínio. Reproduzir os que tinham os melhores genes e eliminar os que tinham os piores era a única forma de "melhorar" a sociedade. Durante a Segunda Guerra Mundial (1939-45), nos campos de concentração alemães, os deportados serviam como cobaias em experiências médicas dirigidas pelo Instituto de Higiene das Waffen das SS (*Schutzstaffel*), com a colaboração da secção química da farmacêutica da IG Farben (*Interessen-Gemeinschaft Farbenindustrie AG*), das fábricas Behring e outras firmas. As SS vendiam igualmente cobaias humanas a empresas privadas: *"Ficar-lhe-íamos reconhecidos se pusesse à nossa disposição certo número de mulheres para experiências que tencionamos efectuar com um novo narcótico..."; "Acusamos a recepção da vossa resposta. O preço de 200 Marks por mulher parece-nos, todavia, exagerado. Não oferecemos mais do que 170 Marks por cabeça. Se concordar, iremos buscá-las. Necessitamos de cerca de 150 mulheres. Apesar de bastante depauperadas, achamos que servem. Informar-vos-emos da evolução das experiências."; "Fizeram-se as experiências. Todos os indivíduos morreram. Em breve voltaremos a contactar convosco para nova remessa".*[18] As experiências médicas eram de todo o tipo: inoculação de doenças, provocação de feridas infectadas, castração e esterilização, ablação de músculos, etc..

---

[18] FONTES C, *Experiências Médicas Nazis, Documentos do arquivo do Processo Nuremberga*, p. 1, (http://afilosofia.no.sapo.pt/deportacao.htm), consulta em 22/07/2012

**Ilustração 1** - Este deportado do Campo de Dachau foi colocado numa câmara de baixa pressão para determinar os limites da resistência humana às altitudes mais elevadas. As experiências prosseguiam até à morte das vítimas.
(*in* http://afilosofia.no.sapo.pt/deportacao.htm)

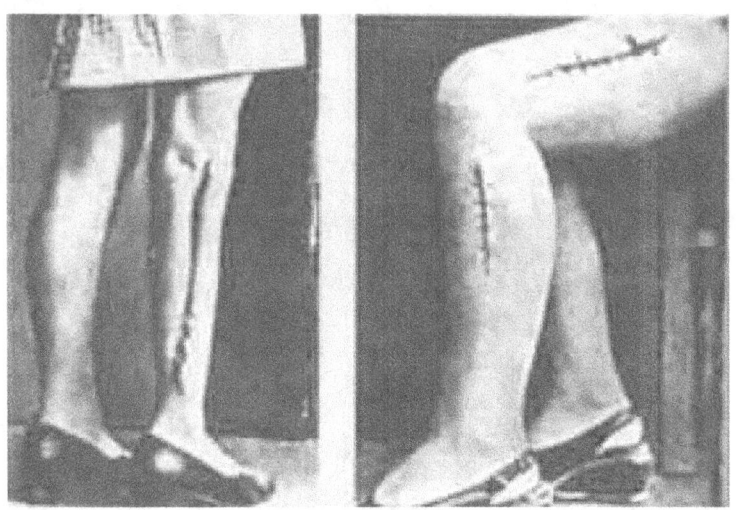

**Ilustração 2** – Mutilações provocadas em mulheres no Campo de Ravensbruck.
(*in* http://afilosofia.no.sapo.pt/deportacao.htm)

Por outro lado, *ao longo da história da humanidade, vários povos, tais como gregos, celtas, fueginos (indígenas sul-americanos), eliminaram as pessoas deficientes, as malformadas ou as muito doentes.*[19] O mesmo acontece com os animais irracionais: as progenitoras matam ou rejeitam a cria deficiente. Que ensinamento para o Homem estará por detrás desta demonstração por parte do mundo animal?

*A história da Genética mostra que a mais perigosa de todas as certezas é uma certeza baseada na ciência.*[20] Contudo, as descobertas que a ciência e, em particular, a Engenharia Genética fizeram permitiram acabar com muitos preconceitos que se mantiveram durante muito tempo nas diferentes sociedades. Por outro lado, Darwin, impressionado com as semelhanças entre pais e filhos, propôs a sua lei do "uso e desuso" em que os caracteres muito utilizados numa geração seriam herdados pela seguinte,

---

[19] GOLDIM JR, *Eugenia*, p. 1, (http://www.bioetica.ufrgs.br/eugenia.htm), consulta em 22/07/2012

[20] JONES S, *Deus, Genes e o Destino – na massa do sangue*, p. 52.

enquanto os que não fossem utilizados desapareceriam lentamente. Desta ideia nasceu o medo da degeneração hereditária, o receio de que os pecados dos pais fossem irremediavelmente transmitidos aos filhos. A fraqueza de uma geração podia, pensava-se, manchar o património dos que ainda não tinham nascido. *Com as suas tremuras, espasmos e erotismo, os alcoólicos estavam sujeitos a transmitir o idiotismo aos seus descendentes. O sangue, uma vez maculado, ficava corrompido para sempre. No século XIX, esta crença entrou na imaginação popular. Famílias inteiras eram evitadas devido a uma suposta mácula. (...) Todos os que possuíam uma história ancestral de doenças – uma mácula hereditária – faziam grandes esforços para a ocultar.*[21] Muitos pensavam que, por exemplo, os pais com uma audição normal geravam uma criança surda porque eles próprios tinham cometido uma falta. Além disso, *os massacres dos judeus eram*

---
[21] *Idem*, p. 40.

*desencadeados pela afirmação de que estes matavam crianças cristãs para terem sangue para pôr no pão do Passover; uma manifestação macabra da ideia de que o sangue era um veículo da juventude, inocência e o próprio princípio do ser.*[22]

Na realidade, a Engenharia Genética também trouxe coisas boas para a sociedade. Hoje em dia já se tem um maior conhecimento das características que podem ser transmitidas hereditariamente, pondo de lado os preconceitos levantados na História. *Por outro lado, (...) não apenas indivíduos mas também as suas famílias podem ser ajudados por meio da informação correta sobre problemas genéticos; a conveniência de um rastreamento genético determinado, quando devidamente realizado e informado, pode ser de grande utilidade para os possíveis filhos, os já existentes, assim como para os restantes membros da família.*[23]

---

[22] *Idem*, p. 23.
[23] CLOTET J, *Bioética como Ética Aplicada e Genética*, 2.2 – O genoma humano e a beneficência, p. 1,

**CAPÍTULO VII** – Ciência e Religião são Compatíveis?

Religião e ciência costumam ser encaradas como inimigas mortais, alinhadas numa batalha onde a supremacia de uma significa a eliminação da outra. De facto, *qualquer disciplina que se proponha explicar o mundo, até mesmo nos seus próprios termos limitados, entra inevitavelmente em conflito com aqueles cujas crenças são formadas pela fé e não pela evidência.*[24] *De um lado estão cientistas como o químico Peter Atkins, para quem é "impossível" conciliar religião e ciência. Na sua opinião, crer "que Deus seja a explicação (de algo, quanto mais de tudo) é uma afronta ao intelecto.*[25] O biólogo Richard Dawkins também questionou: *"Será que a*

---

(http://www.pucrs.br/fabio/genetica1/index_arquivos/Aulas_genetica/BioeticaC.htm), consulta em 20/07/2012
[24] JONES S, *Deus, Genes e o Destino – na massa do sangue*, p. 11.
[25] *O conflito entre ciência e religião*. Despertai! (revista), 2002 Jun 8, p. 3.

*religião não é uma doença mental contagiosa?"*[26] Por outro lado, religiosos culpam a ciência de destruir a fé.

Na realidade, durante séculos, líderes religiosos ensinaram lendas míticas e dogmas erróneos que contradizem as descobertas científicas. Só para citar um exemplo, a Igreja Católica Romana condenou Galileu por ter chegado à conclusão correta de que a Terra gira em torno do Sol. Galileu de forma alguma contradizia a Bíblia, mas contestava os ensinamentos da Igreja. *Porque lhe é frequentemente pedido que teste crenças sobre o que significa ser humano, a Genética é uma ciência que está mais próxima da moral e da doutrina religiosa do que qualquer outra.*[27] Mas essa proximidade pode ameaçar a relação entre o natural e o espiritual. Será que é possível, então, conciliar ciência e religião? A minha resposta é sim. Na realidade, a ciência comprovada e a verdadeira religião não se

---

[26] *Idem.*
[27] JONES S, *Deus, Genes e o Destino – na massa do sangue*, p. 11.

contradizem, mas complementam-se.[28] Albert Einstein dizia que "*a ciência sem religião é aleijada; a religião sem ciência é cega*"[29].

Muitas pessoas, fascinadas com o cosmos, levantam questões suscitadas pela nossa existência nele: como surgiram o Universo e a vida, e porquê? O recente mapeamento do código genético humano também não deixa de levantar as perguntas: como foram criadas as diversas formas de vida? E, se elas foram criadas, quem as criou? *Tem que haver uma inteligência por trás da complexidade da vida.*[30] *Um dos principais cientistas envolvidos na descodificação do genoma admitiu com humildade: "Conseguimos ter uma pequena noção do nosso manual de instruções, algo que era conhecido só por Deus."*[31] *A ciência mostra que Deus existe.*[32]

---

[28] *O conflito entre ciência e religião*. Despertai! (revista), 2002 Jun 8, p. 4.
[29] *Qual a origem do universo e da Vida?* Despertai! (revista), 2002 Jun 8, p. 4.
[30] TANAKA K (geólogo planetário do Serviço de Pesquisa Geológica dos Estados Unidos), Despertais! (revista), 2002 Jun 8, p. 7.
[31] *Qual a origem do universo e da Vida*. Despertai!

De facto, são muitos os que procuram compreender a realidade olhando tanto para a ciência como para a religião. Para eles, cabe à ciência explicar como a vida e o cosmos vieram à existência, ao passo que a religião tenta explicar principalmente o porquê. *"Há perguntas para as quais os cientistas nunca poderão encontrar respostas."*[33], comenta o escritor Tom Utley.

*O biólogo molecular Francis Collins explica como a fé e a espiritualidade ajudam a preencher o vazio deixado pela ciência: "Não espero que a religião seja capaz de sequenciar o genoma humano, da mesma forma que não espero que a ciência me revele o conhecimento do sobrenatural. Mas para questões que são de grande relevância e interesse, com 'Porque existimos?' ou 'Porque o Homem busca a espiritualidade?', acho que a ciência deixa a desejar." (...) O cientista Allan Sandage fez o*

---

(revista), 2002 Jun 8, p. 4.
[32] BARTON DHR (professor de química, Texas), Despertai! (revista), 2002 Jun 8, p. 7.
[33] *Qual a origem do universo e da Vida*. Despertai! (revista), 2002 Jun 8, p. 6.

*seguinte comentário: "Não vou consultar um livro de biologia para encontrar orientação para a vida."*[34]

Em suma, *um conhecimento científico adquirido graças a uma sede de saber, longe de refutar a existência de Deus, apenas serviu para confirmar que vivemos num mundo espantosamente complexo, intrincado e assombroso. Muitas pessoas (...) acham plausível concluir que as leis físicas e as reações químicas, bem como o ADN e a incrível variedade da vida, apontam para um Criador. Não há prova irrefutável em contrário.*[35]

---

[34] *Idem.*
[35] *Idem.*

## CONCLUSÃO

A Engenharia Genética revolucionou, de facto, o campo de atuação da Medicina. Isto não deixa qualquer dúvida. E novas descobertas irão agora ser mais facilmente desvendadas, depois da completa descodificação do genoma humano, que terminou há pouco tempo. Na realidade, poder-se-ão detectar os genes causadores de doenças genéticas, alterá-los, ou criar proteínas para o tratamento de doenças degenerativas. Assim, a esperança média de vida das pessoas poderá aumentar, assim como a sua qualidade poderá melhorar.

Também se pode agradecer à ciência, mais propriamente à Engenharia Genética e seus avanços, a anulação de preconceitos que assombravam muitas famílias ao longo da história, no que diz respeito àquilo que é hereditário ou não. Na realidade, o facto de, por exemplo, se partir uma perna, não quer dizer que os nossos filhos vão herdar uma perda partida. Ideias como estas reinaram na história da humanidade, apoiadas na lei do "uso e desuso" da Darwin. A evolução da Biologia, por intermédio da Engenharia Genética, veio esclarecer tudo isto.

No entanto, como todas as revoluções, esta também trouxe os seus problemas, que são levantados pela Bioética. Todas as possibilidades que surgiram na área da Engenharia Genética vieram permitir uma técnica denominada clonagem, que preenche todos os requisitos da eugenia. Esta, só por si, não é eticamente aceite. Porém, a clonagem já se faz a animais e plantas, apesar da sua baixa eficácia e no número de seres que morrem nas tentativas, aliados àqueles que sobrevivem mas que se transformam em monstros, com muitas deficiências e malformações. Assim, se essas manipulações com animais já levantam questões éticas em todos os cantos do mundo, muito mais levantam no que diz respeito à clonagem humana, tanto para fins reprodutivos como terapêuticos, pois é sempre a dignidade e o direito à vida e à identidade própria de um ser humano que está em causa.

Outra problemática que circunda a Engenharia Genética é o facto dela poder estar na origem da seleção de vírus e parasitas resistentes e causadores de doenças graves.

A acrescentar a todas estas vertentes más da Engenharia Genética, os seus opositores revelam as atrocidades cometidas no passado em nome da ciência, donde se destacam as experiências dos campos de concentração nazis.

Na realidade, o que penso é que as investigações na Engenharia Genética são relevantes para o desenvolvimento da Medicina, a ciência que está mais diretamente relacionada com a qualidade de vida das pessoas. Por isso, se queremos que esta aumente, temos que deixar a Medicina avançar. No entanto, para que isso aconteça é, muitas vezes, necessário pôr em risco a vida de outras pessoas, de outros seres, e isto não é ético. Por conseguinte, os limites do progresso científico coincidem com as questões éticas que se referem à dignidade, aos direitos e à identidade do ser humano, que devem de ser preservados acima de tudo. Assim, temos que pensar e repensar muito bem antes de fazermos as leis que se aplicam à Engenharia Genética, e sermos justos com o próximo.

Por fim, não queria deixar de falar na questão da ciência ser ou não compatível com a religião. Para quem acredita no sobrenatural, é fácil chegar a um consenso no seu íntimo, pois a ciência, embora tenha desvendado muita matéria só por Deus conhecida, ela nunca poderá revelar quem foi que criou a complexidade da vida e a infinidade do Universo.

# BIBLIOGRAFIA

- Despertai! (revista), 2002 Jun 8, 23 pp.
- Enciclopédia Luso-Brasileira de Cultura, Volume 7, p. 1768, Lisboa, Editora Verbo, 1984, 934 pp.
- JONES S, Deus, *Genes e o Destino – na massa do sangue*, Mem Martins, Publicações Europa-América, 1999, 290 pp.
- KAHN A, ROUSSET D, *Os caminhos da medicina no século XXI: genes e homens*, Mem Martins, Publicações Europa-América, 1999, 191 pp.
- PEREIRA GO, PACIFICO AP, *Doação e adoção como políticas para salvar os embriões humanos excedentes e congelados*, Rev. Bras. Saúde Matern. Infant., Recife, 10 (Supl. 2): S391-S397 dez., 2010